KB268500

다솔쿠의 프라이팬 하나로 완성하는 집밥
초간단 원팬 레시피

일러두기

- 각 레시피는 1~2인분 기준이나 사람마다 다를 수 있으니 참고해 주세요.
- 책에 수록된 준비 사진은 이해를 돕기 위한 이미지일 뿐, 재료에 적힌 양과 동일하지 않습니다. 조리하실 때는 본문에 적힌 재료 양을 참고해 주세요.
- 국물이 있는 요리 조리 시 안내된 조리 시간 외에 더 깊은 맛을 원할 경우 물을 조금 추가한 뒤 기호에 맞게 약불에서 더 끓여 주세요. 음식이 덜 익었을 경우에도 약불에서 추가 조리해 주세요.
- 조리 시 중간중간 재료가 타지 않도록 잘 저어 주세요.
- 프라이팬은 보통 28cm 정도를 사용하는 것이 좋으나, 국물이 많거나 재료 양이 많을 경우 30cm 이상 프라이팬을 사용하거나, 궁중팬(웍)을 사용해 주세요.

초간단 원팬 레시피

다솔쿠 지음

차례

*1*장   냄비가 따로 필요 없는 국과 찌개

2장 휘뚜루 만드는 메인 요리

3장 **반찬 없이도 완벽한 밥과 죽**

4장　면 덕후를 위한 다양한 면 요리

프롤로그

안녕하세요, 요리하는 인플루언서 다솔쿠입니다.
첫 레시피 책을 만들게 되어 정말 기쁩니다.
팬 하나로 요리를 쉽고 재미있게 할 수 있다는 사실에
많은 분께서 좋아해 주셨던 기억이 떠오릅니다.
힘들고 어렵게 느껴졌던 요리 과정을 단축하고,
가족들과 따뜻한 온기가 느껴지는 식탁에서
더 오래도록 행복한 시간을 보내셨으면 좋겠습니다.

《초간단 원팬 레시피》가 여러분의 일상에
작지만 분명한 즐거움이 되기를 바랍니다.

감사합니다.

다솔쿠 픽 양념

고추장

고추장은 매콤하면서도 달콤한 맛으로 음식의 풍미를 깊게 만들어 주는 기본 양념이에요. 음식에 감칠맛을 더하고 한국 요리의 개성을 살리는 데 중요한 역할을 한답니다.

고춧가루

고춧가루는 음식에 매운맛과 선명한 색을 더해 주는 기본 양념이에요. 맛을 또렷하게 살려 주고, 한식 특유의 깊은 풍미를 만드는 데 중요한 역할을 해요.

간장

간장은 짭짤하면서도 깊은 감칠맛으로 음식의 맛을 조화롭게 잡아주는 기본 양념이에요. 발효로 만들어져 요리에 풍미를 더하고, 재료 본연의 맛을 자연스럽게 살린답니다.

소금

소금은 음식의 간을 맞추는 기본 조미료로, 맛을 살리고 식재료의 풍미를 끌어올리는 역할을 해요. 또한 우리 몸의 체액 균형과 신경 기능 유지에도 꼭 필요한 성분이랍니다.

불닭소스

불닭소스는 강렬한 매운맛과 달콤한 맛이 어우러져 음식에 확실한 포인트를 주는 소스예요. 조금만 추가해도 요리의 분위기를 단번에 바꿔 주는, 자극적인 매력이 있답니다.

굴소스

굴소스는 짭짤하면서도 깊은 감칠맛으로 요리의 풍미를 한층 끌어올려요. 재료를 부드럽게 감싸며, 볶음·조림 요리에 고소하고 진한 맛을 더해요.

물엿

물엿은 은은한 단맛으로 음식의 맛을 부드럽게 이어 주는 조미료예요. 요리에 윤기를 더해 주고, 재료들이 자연스럽게 어우러지도록 도와준답니다.

맛술

맛술은 요리의 잡내를 없애고 맛을 부드럽게 만들어요. 맛술 대신 미림도 사용 가능해요.

	치킨스톡	치킨스톡은 닭의 깊은 맛이 농축돼 있어 요리에 진한 감칠맛을 더해 주는 조미료예요. 조금만 넣어도 국물과 볶음 요리의 맛을 빠르게 끌어올린답니다.
	피시소스	피시소스는 발효된 생선에서 나온 짭짤하고 깊은 감칠맛으로 요리의 맛을 한층 풍부하게 만들어 주어요. 국이나 찌개 등 한식에는 참치액을 주로 사용하지만 저는 개인적으로 피시소스를 많이 쓰고 있어요. 피시소스는 참치액보다 향이 강하므로 조금씩 넣어 보면서 사용하세요.
	케첩	케첩은 토마토를 기본으로 식초와 설탕, 향신료를 더해 만든 소스예요. 새콤달콤한 맛이 특징입니다. 튀김이나 볶음 요리에 풍미를 더해 주고, 음식의 맛을 부드럽게 연결해요.
	참기름	참기름은 볶은 참깨를 압착해 만든 기름으로, 고소하고 진한 향이 특징입니다. 요리에 한두 방울만 더해도 풍미를 살려 자주 쓰고 있어요.
	후추	말린 후추 열매를 갈아 만든 향신료로, 알싸한 매운 향이 나요. 느끼함을 잡아주어 자주 쓰지만, 너무 많이 쓰면 맛의 밸런스가 무너질 수 있으며, 위를 자극할 수 있으니 적당량 사용하세요.
	파슬리가루	말린 파슬리를 곱게 간 향신료입니다. 은은한 풀 향과 깔끔한 맛이 특싱이에요. 요리 위에 살짝 뿌리면 색감과 향을 더해 주어 마무리 재료로 자주 쓰고 있어요.
	레드페퍼	말린 고추를 잘게 부순 향신료입니다. 깔끔한 매운맛과 칼칼한 향이 특징이에요. 요리에 매콤한 포인트를 더해 주면서 느끼함을 잡아줍니다.
	토마토소스	잘 익은 토마토를 끓여 농축한 소스로, 상큼한 산미와 자연스러운 단맛이 어우러집니다.

프라이팬 종류

프라이팬은 재질과 형태에 따라 종류가 조금씩 다릅니다. 저는 주로 프라이팬 28cm 코팅팬을 사용하는데, 독자분들은 재료 양과 가지고 있는 프라이팬에 맞게 사용하시면 돼요.

코팅팬은 표면에 코팅 처리가 되어 있어 음식이 잘 눌어붙지 않고 조리가 쉽습니다. 기름 사용을 줄일 수 있고, 세척이 쉬워 일상 요리에 부담이 적어요.

스테인리스팬은 열전도가 균일하고 내구성이 뛰어나 오래 사용할 수 있다는 특징이 있어요. 예열과 기름 조절만 잘하면 재료를 노릇하게 굽고 깊은 맛을 내는 데 좋아요.

볶음팬은 가장자리가 높고 바닥이 넓어 재료를 섞고 뒤집기 좋은 프라이팬이에요.

궁중팬과 웍은 차이가 있지만 대체로 우리나라에서는 바닥이 깊고 가장자리가 넓게 퍼진 팬을 말해요. 재료를 한꺼번에 볶기 좋고 불을 고르게 받아 볶음 요리나 양 많은 요리에 잘 어울려요.

흔히 고기 불판이라고 불려요. 바닥이 넓고 가장자리가 낮은 평평한 팬으로, 재료를 넉넉하게 펼쳐 굽기 좋습니다.

원팬 레시피 계량법

쉽고 간단한 조리 과정을 위해 양념 대부분 '큰술'로 표기했습니다.
레시피 계량을 따르되 본인의 입맛에 맞게 가감하세요.

썰기 방법

깍두기처럼 네모반듯한 모양으로 써는 방법이에요.

당근, 오이, 호박, 무 따위를 가로로 놓고 평행하게 통째로 내리 써는 방법이에요.

채소나 과일 따위를 가늘고 길쭉하게 잘게 써는 방법이에요.

채소나 과일 따위를 한쪽으로 비스듬하게 써는 방법이에요.

1장

냄비가 따로 필요 없는 국과 찌개

집밥 대표 김치찌개부터, 포장마차 술안주 1등 홍합탕까지!
숟가락부터 찾게 되는, 원팬 국과 찌개 드셔 보실래요?

돼지고기 김치찌개

🍳 준비

재료

포기김치 400g
돼지고기 앞다리살 400g
양파 1개
대파 1.5대

부재료

두부(찌개용) 한 모
청양고추 3~4개

양념

다진 마늘 1.5큰술
고춧가루 2큰술
진간장 2큰술
맛술 2큰술
피시소스 2큰술
설탕 1큰술
물 600ml

 만들기

1 재료와 양념을 넣은 다음 약불에서 10~15분간 푹 끓여요.
2 국물이 어느 정도 우러났을 때 두부와 청양고추를 넣고 약불에서 10분간 더 끓이면 완성!

✳ 더 맛있게 간을 하고 싶다면 다시다 1/2작은술 또는 연두 1/2~1작은술을 넣어요.

TIP

▸ 피시소스 대신 참치액도 사용 가능해요. 단 까나리액젓은 피해 주세요.
▸ 간은 소금이나 간장으로 조절해요.
▸ 중간중간 잘 저어 주세요.

묵은지 꽁치찌개

🍳 준비

재료

묵은지 500g(반 포기)
꽁치 통조림 400g 2개
(통조림 국물까지 사용)
양파 1개
대파 2대(약 200g)

부재료
물 300ml

✽ 더 맛있게 간을 하고 싶다면 다시다 1/2작은술 또는 연두
1/2~1작은술을 넣어요.

양념

고춧가루 1.5큰술
다진 마늘 1큰술
진간장 1큰술
맛술 1.5큰술

✨🍳 만들기

1 재료와 양념을 넣은 다음 중약불에서 10~15분간
끓여요.
2 통조림 국물이 졸아서 자작해지면 물 300ml를
붓고 약불에서 10분간 끓이면 완성!

✂TIP✂

▸ 좀 더 칼칼한 맛을 원하면 청양고추를 넣어요.
▸ 간이 너무 짜게 느껴질 경우에는 물 100~200ml
추가하세요.

참치김치찌개

🍳 준비

재료

참치캔 200g 2개
김치 300~400g
양파 1개
대파 2대

부재료
두부(찌개용) 한 모
청양고추 3~4개

양념

고춧가루 1.5큰술
다진 마늘 1큰술
진간장 2큰술
피시소스 2큰술
맛술 2큰술
설탕 1큰술
물 600ml

 만들기

1 재료를 넣은 다음 중약불에서 10~15분간 푹 끓여요.
2 국물 맛이 어느 정도 우러났을 때 두부와 청양고추를 넣고 약불에서 10분간 끓이면 완성!

✽ 더 맛있게 간을 하고 싶다면 다시다 1/2작은술 또는 연두 1/2~1작은술을 넣어요.

☞TIP☜

▸ 피시소스 대신 참치액으로 대체 가능해요.
▸ 간은 소금이나 간장으로 조절해요.
▸ 중간중간 잘 저어 주세요.

순두부찌개

🍳 준비

재료

돼지고기 다짐육 200g
새우 200g
대파 2대
양파 1개

부재료

순두부 한 봉지
팽이버섯 100g
청양고추 2~3개

양념

고춧가루 1.5큰술
다진 마늘 1큰술
진간장 2큰술
맛술 2큰술
피시소스 2큰술
물 400ml

✨🍳 만들기

1 재료와 양념을 넣은 다음 중약불에서 10~15분간
  푹 끓여요.
2 순두부와 팽이버섯, 청양고추를 넣은 다음 한소끔
  끓이면 완성!

✳ 더 맛있게 간을 하고 싶다면 다시다 1/2작은술 또는 연두
  1/2~1작은술을 넣어요.

▸ 피시소스 대신 참치액으로 대체 가능해요.
▸ 간은 간장으로 조절해요.
▸ 취향껏 후추를 뿌려도 좋아요.

소고기뭇국

🍳 준비

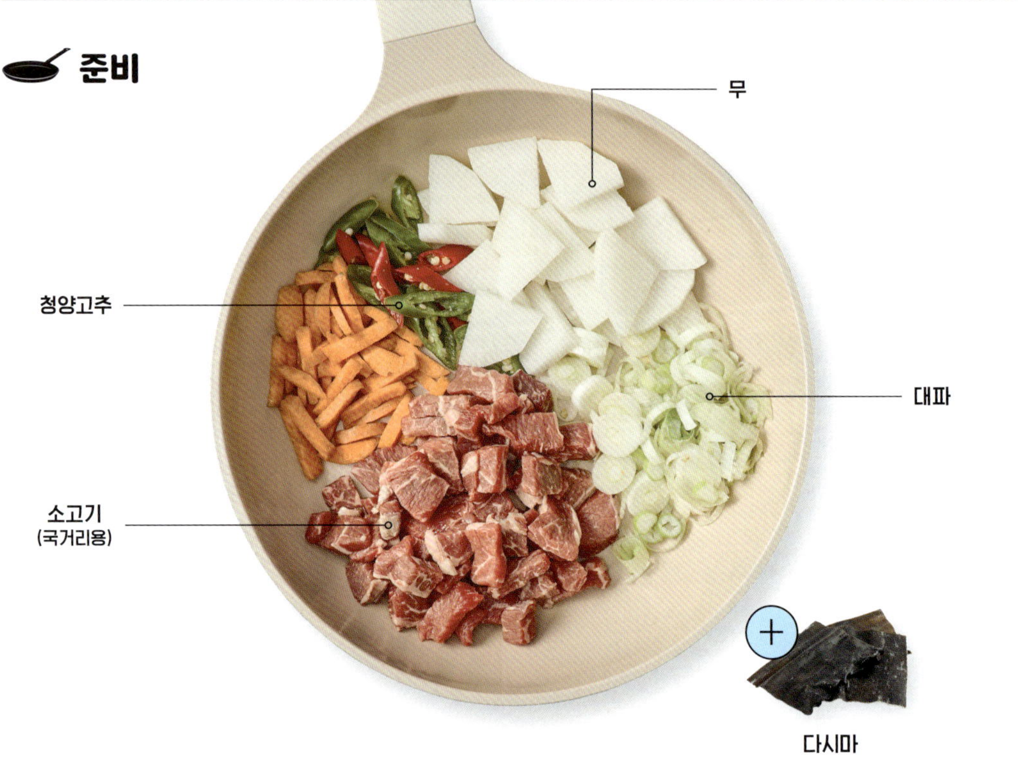

재료

소고기(국거리용) 300g
무 취향껏
대파 2대
청양고추 4개

양념

다진 마늘 1.5큰술
진간장 1큰술
맛술 2큰술
다시마 2조각
물 800ml
소금, 후추 취향껏

✽ 더 맛있게 간을 하고 싶다면 다시다 1/2작은술 또는 연두
1/2~1작은술을 넣어요.

🍳 만들기

1 재료와 소금, 후추를 제외한 양념을 넣은 다음
중약불에서 10~15분간 푹 끓여요.

2 다시마와 불순물을 제거한 뒤 입맛에 맞게 소금과
후추를 넣어 간을 맞추고 한소끔 끓이면 완성!

⚡TIP⚡

▸ 소고기 핏기는 키친타월로 한번 닦아주세요.
▸ 조금 더 깊은 맛을 원한다면 약불에서 10분간 더 끓여요.
▸ 원팬 요리이기에 국물 색이 탁할 수 있어요. 더 맑은 국물을
원하면 소고기를 먼저 볶은 뒤에 끓여요.
▸ 간은 소금이나 후추로 조절해요.
▸ 중간중간 잘 저어 주세요.

소고기미역국

🍳 준비

재료

소고기(국거리용) 300g
미역 30g
청양고추 2~3개
양파 1/2개

양념

다진 마늘 2큰술
진간장 2큰술
피시소스 1.5큰술
맛술 1.5큰술
참기름 취향껏
물 1600ml

✨🍳 만들기

1 재료와 양념을 넣어요. 이때 물은 절반(800ml)만 붓고 중약불에서 10~15분간 푹 끓여요.

2 물이 어느 정도 줄면 양파를 빼 주세요. 이때 나머지 물 800ml 넣은 다음 한소끔 끓이면 완성!

‣ 간은 소금이나 간장으로 조절해요.
‣ 중간중간 잘 저어 주세요.

✱ 더 맛있게 간을 하고 싶다면 다시다 1/2작은술 또는 연두 1/2~1작은술을 넣어요.

해산물 된장찌개

🍳 준비

두부(찌개용)

청양고추

재료

새우 200g
바지락 250g
양파 1/2개
애호박 1/2개
대파 1대

부재료
두부(찌개용) 한 모
청양고추 3~4개

양념

된장 2~2.5큰술
고추장 1큰술
다진 마늘 1.5큰술
피시소스 2큰술
맛술 2큰술
고춧가루 1.5큰술
물 600ml

✨ 만들기

1 재료와 양념을 넣은 다음 중약불에서 10~15분간 끓여요.
2 팔팔 끓을 때 두부와 청양고추를 넣은 다음 약불에서 10분간 더 끓이면 완성!

❋ 더 맛있게 간을 하고 싶다면 다시다 1/2작은술 또는 연두 1/2~1작은술을 넣어요.

TIP
▸ 간은 소금이나 간장으로 조절해요.
▸ 중간중간 잘 저어 주세요.

우삼겹 된장찌개

🍳 준비

재료

우삼겹 200~300g
애호박 1/3개
양파 1/2개
청양고추 4개

부재료
두부(찌개용) 2모
팽이버섯 150g

양념

고추장 1큰술
된장 2~2.5큰술
고춧가루 2큰술
피시소스 2큰술
맛술 2큰술
다진 마늘 2큰술
물 600ml

 만들기

1 재료와 양념을 넣은 다음 중약불에서 10~15분간 푹 끓여요.
2 두부와 팽이버섯을 넣은 다음 10분간 더 끓이면 완성!

✻ 더 맛있게 간을 하고 싶다면 다시다 1/2작은술 또는 연두 1/2~1작은술을 넣어요.

TIP
▸ 간은 소금이나 간장으로 조절해요.
▸ 중간중간 잘 저어 주세요.

육개장

🍳 준비

재료

대패삼겹살 250g
표고버섯 3개
양파 1개
대파 3~4대
고사리(데친 것) 한 줌

부재료
숙주 한 줌
청양고추 3~4개
달걀 1개

양념

간장 2큰술
맛술 2큰술
고춧가루 3큰술
치킨스톡 1.5큰술
물 800ml

✨🍳 만들기

1 재료와 양념을 넣은 다음 중약불에서 10~15분간 푹 끓여요.
2 숙주, 청양고추, 달걀을 풀어서 넣은 다음 약불에서 10분간 잘 저어 가며 끓이면 완성!

TIP
▸ 마지막에 후추를 한 번 뿌려 주세요.
▸ 간은 소금이나 간장으로 조절해요.
▸ 중간중간 잘 저어 주세요.

✳ 더 맛있게 간을 하고 싶다면 다시다 1/2작은술 또는 연두 1/2~1작은술을 넣어요.

떡만둣국

🍳 준비

재료

떡국떡 200g
만두 6개
양파 1/2개
당근 1/3개(채썰기, 고명용)
대파 2대

부재료
달걀 1개

양념

다진 마늘 1큰술
치킨스톡 1.5큰술
피시소스 1.5큰술
참기름 취향껏
물 600ml

✽ 더 맛있게 간을 하고 싶다면 다시다 1/2작은술 또는 연두 1/2~1작은술을 넣어요.

✨🍳 만들기

1. 재료와 양념을 넣은 다음 중약불에서 10분간 푹 끓여요.
2. 달걀을 풀어서 넣은 다음 약불에서 10분간 잘 저어 가며 끓이면 완성!

⇗TIP⇖

▸ 전분으로 인해 국물이 부족할 경우 물을 조금 더 추가해요.
▸ 간은 소금이나 간장으로 조절해요.
▸ 중간중간 잘 저어 주세요.

고추장찌개

🍳 준비

재료

돼지고기 앞다리살 500g
양파 1개
감자 4~5개(작은 것)
애호박 1/2개

부재료

대파 1대
청양고추 3개
후추 취향껏

양념

고추장 2큰술
고춧가루 1.5큰술
피시소스 2큰술
간장 2큰술
맛술 2큰술
다진 마늘 1큰술
물 600ml

✨🍳 만들기

1 재료와 양념을 넣은 다음 중약불에서 10~15분간 푹 끓여요.
2 대파와 청양고추를 넣은 다음 약불에서 10분간 더 끓인 뒤 후추까지 뿌리면 완성!

✱ 더 맛있게 간을 하고 싶다면 다시다 1/2작은술 또는 연두 1/2~1작은술을 넣어요.

✂TIP✂

▸ 간은 소금이나 간장으로 조절해요.
▸ 중간중간 잘 저어 주세요.

소시지 고추장찌개

🍳 준비

재료

프랑크소시지 1개
양파 1개
감자 2개
애호박 1/2개
대파 2대

부재료

두부(찌개용) 한 모
청양고추 3개
고춧가루 1큰술
올리브오일 또는
식용유 1큰술

✳ 더 맛있게 간을 하고 싶다면 다시다 1/2작은술 또는 연두
  1/2~1작은술을 넣어요.

양념

고추장 2큰술
다진 마늘 1큰술
치킨스톡 1.5큰술
진간장 2큰술
물 600ml

🍳 만들기

1 팬에 올리브오일을 두르고 재료와 고추장, 다진
  마늘, 치킨스톡, 진간장을 넣은 다음 한 번 볶아요.

2 물 600ml를 붓고 중약불에서 10~15분간 끓여요.

3 두부, 청양고추, 고춧가루를 넣은 다음 약불에서
  10분간 끓이면 완성!

▸ 간은 소금이나 간장으로 조절해요.
▸ 중간중간 잘 저어 주세요.

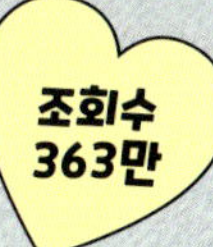

언제든지 먹는 추억의 맛

부대찌개

재료

햄 200g
프랑크소시지 3개
킬바사소시지 1개
베이크드빈즈 1큰술
김치 250g
대파 1대
양파 1/2개

부재료(취향껏)

면사리 1개
만두나 떡국떡 취향껏
콩나물 한 줌
물 200ml

양념

고추장 1.5~2큰술
고춧가루 1.5큰술
진간장 1큰술
다진 마늘 1큰술
치킨스톡 1.5큰술
맛술 2큰술
물 700ml

만들기

1 재료와 양념을 넣은 다음 중약불에서 10~15분간
  푹 끓여요.
2 물이 졸면 물 200ml를 포함한 부재료를 넣은 다음
  약불에서 10분간 더 끓이면 완성!

▸ 중간중간 잘 저어 주세요.
▸ 양파는 다져서 넣어도 좋아요.
▸ 간은 소금이나 간쟁으로 조전해유
▸ 마지막에 후추를 뿌리면 맛있어요.
▸ 더 맛있게 간을 하고 싶다면 다시다 1/2작은술 또는 연두
  1/2~1작은술을 넣어요.

황태달걀국

🍳 준비

재료

황태채 100g
양파 1/2개
당근 1/3개
대파 2대

부재료
두부 한 모
달걀 1개

양념

치킨스톡 1.5큰술
다진 마늘 1큰술
피시소스 1큰술
참기름 1/2큰술
물 1L

✨ 만들기

1 재료와 양념을 넣은 다음 중약불에서 10~15분간
  푹 끓여요.
2 두부를 넣고 달걀을 잘 풀어서 넣은 다음 약불에서
  10분간 더 끓이면 완성!

✱ 더 맛있게 간을 하고 싶다면 다시다 1/2작은술 또는 연두
  1/2~1작은술을 넣어요.

TIP
▸ 간은 소금으로 조절해요.
▸ 중간중간 잘 저어 주세요.

콩나물국

🍳 준비

재료

콩나물 2줌
바지락 200g
무 120g(통째썰기)
대파 1대
청양고추 3개

양념

다진 마늘 1큰술
피시소스 1큰술
물 1L

✨🥄 만들기

1 청양고추를 제외한 재료와 양념을 넣은 다음
  중약불에서 10~16분간 푹 끓여요.

2 청양고추를 넣고 한소끔 끓인 다음 약불에서 5분간
  더 끓이면 완성!

▶ 간은 소금으로 조절해요.
▶ 마지막에 취향껏 후추를 뿌려도 좋아요.
▶ 콩나물의 아삭한 식감을 원하면 콩나물을 2번 과정에서 넣어
  주세요.

✳ 더 맛있게 간을 하고 싶다면 다시다 1/2작은술 또는 연두
  1/2~1작은술을 넣어요.

동태탕

🍳 준비

재료

동태 500g
명태알 150g
곤이 150g
무 120g
양파 1개
대파 2대(어슷썰기)

부재료

미나리 한 줌
콩나물 한 줌
청양고추 3개

✱ 더 맛있게 간을 하고 싶다면 다시다 1/2작은술 또는 연두
 1/2~1작은술을 넣어요.

양념

다진 마늘 1.5큰술
고추장 1.5큰술
고춧가루 2큰술
진간장 2큰술
맛술 2.5큰술
된장 1/2큰술
물 600ml

🍳 만들기

1 재료와 양념을 넣은 다음 중약불에서 10~15분간
 푹 끓여요.
2 미나리, 콩나물, 청양고추를 넣고 한소끔 끓인 다음
 약불에서 15분간 더 끓이면 완성!

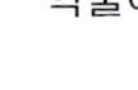

»TIP«

▸ 간은 간장이나 소금으로 조절해요.
▸ 마지막에 취향껏 후추를 뿌려도 좋아요.
▸ 생선은 30분~1시간 이상 물에 담가 핏기를 제거한 뒤
 사용해요.
▸ 중간중간 잘 저어 주세요.

알탕

🍳 준비

재료

명태알 150g
곤이 150g
대파 1~2대
양파 1개
무 5개(통째썰기)

부재료

두부(찌개용) 한 모
청양고추 3~4개
콩나물 한 줌
미나리 한 줌

양념

고추장 1.5큰술
고춧가루 2큰술
진간장 2큰술
맛술 2큰술
치킨스톡 2큰술
다진 마늘 1.5큰술
물 600ml

✳ 더 맛있게 간을 하고 싶다면 다시다 1/2작은술 또는 연두 1/2~1작은술을 넣어요.

🍳 만들기

1 재료와 양념을 넣은 다음 중약불에서 10~15분간 푹 끓여요.
2 부재료를 넣고 한소끔 끓인 다음 약불에서 10분간 더 끓이면 완성!

⌇TIP⌇

▸ 무를 팬 바닥에 깔아두면 좋아요.
▸ 간은 간장이나 소금으로 조절해요.
▸ 중간중간 잘 저어 주세요.

홍합탕

🍳 준비

재료

피홍합 500g
통마늘 12알
청양고추 4개
물 1L

양념

소금이나 간장 취향껏

✨ 만들기

1 피홍합은 족사(실 모양의 분비물)를 제거한 뒤 물로
  깨끗하게 씻어요.
2 재료를 넣은 다음 중약불에서 10~15분, 약불에서
  10분간 끓인 뒤 입맛에 맞게 양념을 하면 완성!

▸ 간은 간장이나 소금으로 조절해요.
▸ 마지막에 후추를 뿌리면 깔끔하고 시원해요.

✱ 더 맛있게 간을 하고 싶다면 다시다 1/2작은술 또는 연두
  1/2~1작은술을 넣어요.

LA갈비

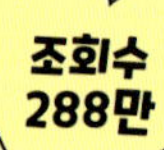

🍳 준비

재료

LA갈비 1kg
(생돼지갈비로 대체 가능)
양파 1개(다지기)
대파 3대(다지기)

양념

진간장 8큰술
맛술 4큰술
굴소스 4큰술
올리고당 3큰술
설탕 2큰술
참기름 2큰술
다진 마늘 2큰술
배 음료 250ml

🍳 만들기

1 볼에 양념과 다진 양파, 대파를 넣고 잘 섞은 다음 LA갈비를 넣고 냉장고에서 1시간 정도 재워요. 중간에 한 번 뒤집어 주세요.

2 팬에 잘 숙성된 LA갈비를 넣고 양념이 골고루 밸 때까지 구우면 완성!

▸ LA갈비 손질법
  1. 갈비가 잠길 정도로 콜라를 붓고 1시간 정도 재워요.
  2. 물로 깨끗하게 헹구면 핏기가 제거됩니다.
  3. 시간 여유가 된다면 4시간 정도 재워도 좋습니다.
▸ 색깔이 더 진해지길 원하면 간장을 조금 더 넣어요.

매운 돼지갈비찜

🍳 준비

재료

돼지갈비 600g
양파 1개
대파 2대
당근 1/2개

부재료

당면 100g(미리 불려 두기)
콩나물 한 줌
청양고추 3개

양념

고춧가루 1.5큰술
고추장 2큰술
다진 마늘 1큰술
진간장 2.5큰술
맛술 2큰술
물엿 2큰술
물 400ml

✨🍳 만들기

1 재료와 양념을 넣은 다음 중약불에서 10~15분간 푹 끓여요. 중간중간 잘 섞어 주세요.

2 물이 절반 정도 남았을 때 부재료를 넣은 다음 약불에서 15분 이상 끓여요.

3 고기 상태와 국물 농도를 보며 기호에 맞게 더 끓이면 완성!

TIP
- 중간중간 핏물과 불순물을 제거해 주세요.
- 간은 간장으로 조절해요.
- 국물을 더 원하면 물을 조금 더 붓고 입맛에 맞게 간을 해요.

닭볶음탕

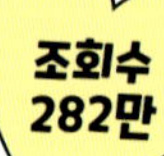

🍳 준비

청양고추

참기름

재료

닭고기(절단용) 1kg
또는 한 마리
감자 2개
양파 1개
당근 1/3개
대파 2대

부재료
청양고추 4개
참기름 적당량

양념

고추장 2큰술
고춧가루 1.5큰술
진간장 3큰술
설탕 1큰술
치킨스톡 1.5큰술
다진 마늘 2큰술
물 600ml

✨ 만들기

1 재료와 양념을 넣은 다음 중약불에서 20~30분간 잘 저어 가며 푹 끓여요(닭을 끓는 물에 5분간 삶았다가 헹구면 조리 시간을 줄일 수 있어요.).

2 부재료를 넣고 약불에서 잘 저어 가며 10분간 졸이면 완성!

TIP

▸ 누린내에 예민한 분들은 닭을 우유에 30분~1시간 정도 담갔다가 물에 헹구어서 사용해요.
▸ 부재료를 넣고 졸일 때 국물이 더 많은 걸 원하면 물을 조금 더 추가하세요.
▸ 간은 간장으로 조절해요.

찜닭

🍳 준비

재료

닭고기(절단용) 1kg
또는 한 마리
양파 1개
당근 1/2개
표고버섯 4개
대파 2대

부재료
당면 100g(미리 불려 두기)
청양고추 4개
참기름 취향껏

양념

진간장 5~6큰술
맛술 3큰술
물엿 3큰술
굴소스 3큰술
치킨스톡 1.5큰술
다진 마늘 2큰술
후추 약간
물 400ml

✨ 만들기

1 재료와 양념을 넣은 다음 중약불에서 10~15분간 푹 끓여요.
2 닭고기에 양념이 배 갈색빛이 돌고, 국물이 절반 정도 남았을 때 부재료를 넣은 다음 약불에서 10분간 끓이면 완성!

›TIP‹

▸ 누린내에 예민한 분들은 닭을 우유에 30분~1시간 정도 담갔다가 물에 헹구어서 사용해요.
▸ 국물이 많은 걸 원하면 2번 과정에서 물과 간을 추가하세요.
▸ 간은 간장으로 조절해요.

김치찜

🍳 준비

청양고추

재료

포기김치 500g
돼지고기 앞다리살 500g
양파 1개
대파 2대

부재료
청양고추 4개

양념

고춧가루 2큰술
진간장 3큰술
맛술 2큰술
설탕 2큰술
치킨스톡 1.5큰술
다진 마늘 1.5큰술
물 600ml

✨ 만들기

1 재료와 양념을 넣고 중약불에서 30~40분간 푹 끓여요. 중간중간 고기와 김치를 뒤집어 주세요.

2 청양고추를 넣고 약불에서 5분 더 끓이면 완성!

TIP

▶ 간은 소금이나 간장으로 조절해요.
▶ 국물을 더 원하면 물을 조금 더 붓고 약불에서 조리해요.
▶ 중간중간 잘 뒤집어야 김치가 타지 않아요.

갈치조림

🍳 준비

재료

갈치 500g
무 180g
(얇게 통째썰기해서 5~6개)
양파 1/2개
대파 1.5대

부재료
청양고추 4개

양념

고추장 1큰술
된장 1/2큰술
고춧가루 1큰술
다진 생강 1/3큰술
다진 마늘 1큰술
진간장 1.5큰술
맛술 2큰술
물 400ml

🍳 만들기

1 팬 위에 무를 넓게 깔아준 뒤 재료와 양념을 넣은
다음 약불에서 20분간 끓여요.
2 갈치를 한 번 뒤집고 청양고추를 넣은 다음 입맛에
맞게 졸이면 완성!

TIP
▶ 갈치 손질법
칼등으로 갈치 비늘을 살살 긁어낸 다음 쌀뜨물에 10분 정도
담갔다가 헹구면 비린내를 제거할 수 있어요. 비린 맛에
예민하다면 칼끝으로 배 부분을 갈라 내장만 쏙 빼주세요.
▶ 갈치에 양념이 잘 배도록 국물을 끼얹어요.

소야볶음

🍳 준비

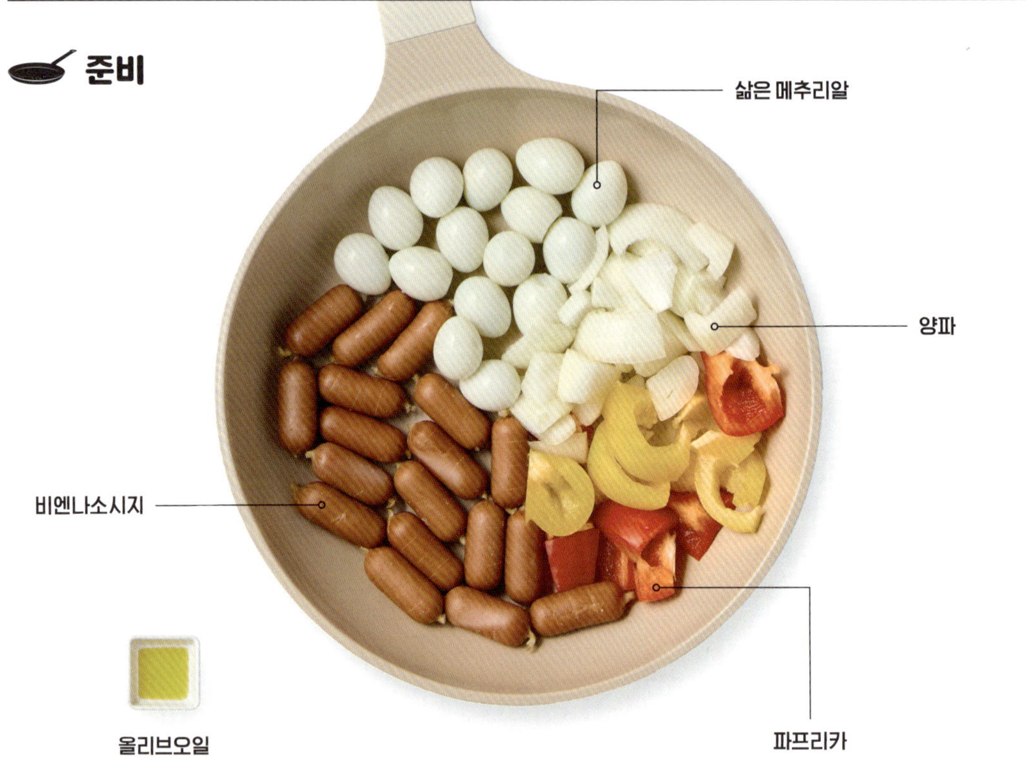

재료

비엔나소시지 300g
(칼집 넣기)
양파 1/2개
파프리카 2개(깍둑썰기)
삶은 메추리알 취향껏

부재료

올리브오일 또는
식용유 적당량

양념

케첩 30~45g(취향껏)
돈가스소스 2큰술
다진 마늘 1큰술
설탕 1큰술
후추 취향껏

✨ 만들기

1 팬에 올리브오일을 두르고 비엔나소시지를 넣은
  다음 약불에서 노릇하게 구워요.
2 소시지 겉면이 익었을 때쯤 양파, 파프리카,
  메추리알, 양념을 넣은 다음 중약불에서 골고루
  저어 가며 5분간 볶으면 완성!

⚡TIP⚡

▶ 케첩을 추가하면 맛이 진해져요.
▶ 단맛을 원하면 케첩대신 설탕을 추가해요.

불고기

🍳 준비

재료

돼지고기(불고기용) 500g
양파 1개
당근 1/2개
표고버섯 2~3개
대파 2대

부재료

당면 100g(미리 불려 두기)
청양고추 3~4개

양념

진간장 6큰술
굴소스 2큰술
다진 마늘 1.5큰술
맛술 4큰술
참기름 2큰술
설탕 2큰술
물 300ml

✨🍳 만들기

1 당면을 물에 미리 불려놔요.

2 재료와 양념을 넣은 다음 중약불에서 10~15분간
  푹 끓여요.

3 당면과 청양고추를 넣고 약불에서 5~10분간
  졸이면 완성!

▸ 간은 간장으로 조절해요.
▸ 취향껏 후추를 뿌려도 좋아요.
▸ 중간중간 잘 저어 주세요.

불닭핫윙

 **준비**

재료

닭날개 400g

부재료
올리브오일 또는
식용유 적당량

양념

불닭소스 4큰술
설탕 1큰술
올리고당 1큰술
간장 1큰술
다진 마늘 1큰술
레몬즙 1큰술

만들기

1 팬에 올리브오일을 두르고 닭날개를 넣은 다음
  중약불에서 앞뒤로 노릇하게 구워요.
2 양념을 잘 섞은 다음 닭날개에 붓고 잘 조리면 완성!

TIP

▸ 양념이 닭날개에 잘 배도록 붓으로 바르면서 구우면 좋아요.
▸ 간이 부족할 경우 불닭소스를 취향껏 더 추가해 주세요.

삼계탕

🍳 준비

삼계탕용 팩

재료

닭 한 마리 또는 1kg
삼계탕용 팩 1개
대파 2대
대추 10개
통마늘 20알

물

데치기용 넉넉하게
국물용 1L

양념

소금, 후추 취향껏

🍳 만들기

1 닭이 잠길 만큼 물을 붓고 데치듯이 끓인 다음 물을 버려요.

2 웍(32cm)에 삶은 닭과 대추, 대파, 통마늘, 삼계탕용 팩을 넣은 다음 물 1L를 붓고 중약불에서 40~50분간 끓이면 완성!

▸ 국물은 소금과 후추로 조절해요.
▸ 중간에 닭을 뒤집어 주세요.
▸ 마지막에 삼계탕용 팩은 버려요.

제육볶음

🍳 준비

재료

삼겹살 600g
대파 1대
양파 1개

부재료
청양고추 3~4개

양념

고추장 2큰술
고춧가루 1.5큰술
굴소스 1.5큰술
맛술 2큰술
다진 마늘 1큰술

✨🍳 만들기

1 재료와 양념을 넣은 다음 약불에서 잘 섞어 가며
   노릇히게 볶아요
2 양념이 잘 배었다 싶으면 청양고추를 넣고
   마지막으로 한 번 더 볶으면 완성!

TIP

▸ 삼겹살이 길면 볶다가 가위로 자르거나 볶기 전에 칼로 먹기
   좋게 썰어요.
▸ 마지막에 참기름이나 후추를 취향껏 넣어도 좋아요.
▸ 간은 간장으로 조절해요.

잡채

🍳 준비

재료

당면 300g (미리 불려 두기)
등심(잡채용) 200g
당근 1/2개
표고버섯 3개
파프리카 2개
양파 1개

부재료

시금치 100g
참기름 2큰술

양념

진간장 5큰술
맛술 3큰술
설탕 1큰술
굴소스 2큰술
다진 마늘 1.5큰술
물 350ml

🍳 만들기

1 재료와 양념을 넣은 뒤 중약불에서 5~10분간 잘 저어 가며 끓여요.
2 시금치와 참기름을 넣은 다음 약불에서 5분간 더 졸이면 완성!

❯TIP❮

▸ 채소는 채 썰어 준비해요.
▸ 추가로 참기름을 더 넣어도 좋아요.
▸ 간은 간장으로 조절해요.

대파전

🍳 준비

재료

대파 4대
해산물믹스 200g
튀김가루 250g
달걀 2개
청양고추 3개

부재료
올리브오일 또는
식용유 적당량

양념

피시소스 1~2큰술
물 100ml

소스 만들기

양파 1/3개
(깍둑썰기로 준비)
진간장 4~5큰술
식초 1~1.5큰술
고춧가루 1/2큰술
→ 한꺼번에 섞기

✨ 만들기

1 대파를 어슷 썰어 준비하거나 4~5cm 길이로 통째
  썰어 준비한 다음 볼에 모든 재료와 양념을 넣고
  섞어요(너무 되다 싶으면 물을 조금 더 넣거나 묽으면
  튀김가루를 좀 더 넣어요.).

2 팬에 올리브오일을 두른 다음 노릇하게 구워요(한
  번 뒤집은 뒤 테두리에 올리브오일을 두르면 바삭해져요.).

3 튀김옷이 앞뒤로 노릇하면 완성! 소스에 찍어
  먹어요.

▸ 튀김가루 대신 부침가루 사용 가능해요.
▸ 불을 세게 하면 탈 수 있으니 중약불에서 조리해요.

김치전

🍳 준비

재료

김치 200g
새우 100g
대파 1.5대
양파 1/2개 (채썰기)
청양고추 3~4개 (어슷썰기)
튀김가루 250g
물 200~250ml

부재료
올리브오일 또는
식용유 적당량

소스 만들기

양파 1/3개 (작게 깍둑썰기)
진간장 4~5큰술
식초 1~1.5큰술
고춧가루 1/2큰술
→ 한꺼번에 섞기

🍳 만들기

1 볼에 모든 재료를 넣고 섞어요 (너무 되다 싶으면 물을 조금 더 넣거나 묽으면 튀김가루를 좀 더 넣어요.).

2 팬에 올리브오을 두른 다음 노릇하게 구워요 (한 번 뒤집은 뒤 테두리에 식용유를 두르면 바삭해져요.).

3 튀김옷이 앞뒤로 노릇하면 완성! 소스에 찍어 먹어요.

☞TIP☜

▸ 튀김가루 대신 부침가루 사용 가능해요.
▸ 불을 세게 하면 탈 수 있으니 중약불에서 조리해요.

떡갈비

🍳 준비

재료

돼지고기 다짐육 300g
소고기 다짐육 300g
대파 150g(다지기)
떡 500g(4~5cm 잘라서 준비)

부재료
올리브오일 또는
식용유 적당량

양념

진간장 2큰술
맛술 2큰술
설탕 1큰술
참기름 1.5큰술
다진 마늘 1큰술
후추 취향껏

✨ 만들기

1 다짐육과 대파, 양념을 골고루 섞어 치댄 다음 떡에
감싸요.
2 팬에 올리브오일을 두른 뒤 약불에서 잘 굴려 가며
익히면 완성!

TIP

▸ 떡은 쌀떡, 밀가루떡 모두 괜찮아요.
▸ 간은 소금이나 후추로 조절해요.

동그랑땡

🍳 준비

재료

돼지고기 다짐육 300g
소고기 다짐육 300g
대파 3대(다지기)
두부 반 모

부재료
올리브오일 또는
식용유 적당량

양념

진간장 2~3큰술
맛술 2큰술
참기름 2큰술
설탕 1큰술
다진 마늘 1큰술

✨🍳 만들기

1 볼에 재료와 양념을 넣은 다음 잘 섞은 뒤
  동글납작하게 만들어요.
2 팬에 올리브오일을 두른 뒤 약불에서 천천히
  노릇노릇 구우면 완성!

TIP
▸ 간은 소금이나 후추로 조절해요.

치즈닭갈비

🍳 준비

올리브오일

모차렐라치즈

재료

닭다리살 500g
(먹기 좋게 잘라 준비)
양파 1/2개
대파 2대
고구마 2개 (중간 크기)
당근 1/2개
양배추 1/3통

부재료
올리브오일 또는
식용유 1큰술
모차렐라치즈 취향껏

양념

고추장 2큰술
고춧가루 1.5큰술
간장 2큰술
설탕 1큰술
카레가루 1큰술
맛술 3큰술

✨ 만들기

1 볼에 재료와 양념을 넣은 다음 잘 섞어요.

2 팬에 올리브오일을 두른 뒤 닭다리살을 앞뒤로 노릇하게 구워요.

3 닭다리살을 먹기 좋게 자른 다음 90% 정도 익었을 때 모차렐라치즈를 넣어요.

4 뚜껑을 덮고 약불에서 2분 정도 익히면 완성!

TIP

▸ 닭다리살의 핏기는 키친타월로 닦아내요.
▸ 누린내를 제거하려면 우유에 30분~1시간 정도 담갔다가 물로 헹궈요.

꾸덕꾸덕 감칠맛 폭발하는
크림떡볶이

🍳 준비

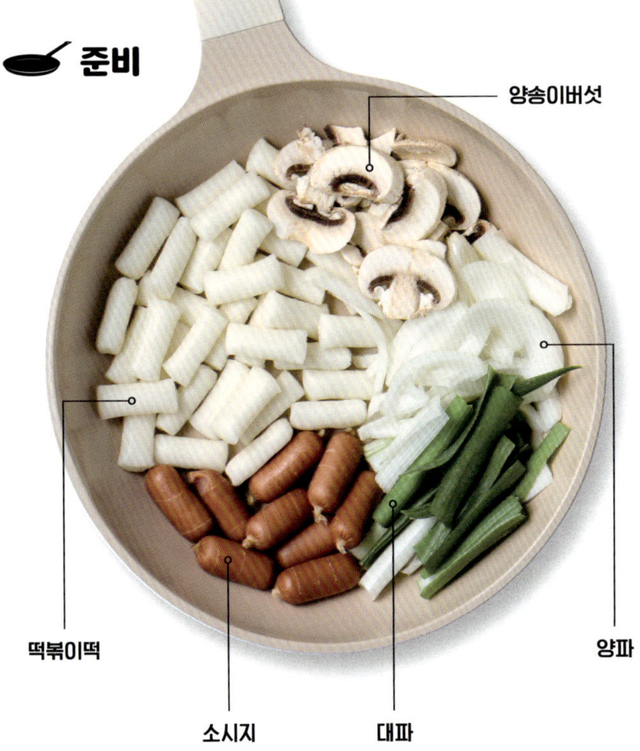

버터

후추

재료

떡볶이떡 300g
양송이버섯 4개
소시지 취향껏
대파 2대
양파 1/2개

부재료
버터 1큰술
후추 취향껏

양념

크림치즈 2~2.5큰술
치킨스톡 2큰술
체다치즈 3개
다진 마늘 1큰술
우유 300ml

🍳 만들기

1 재료와 양념을 넣은 다음 중약불에서 잘 저어 가며 10~15분간 끓여요.
2 버터와 후추를 넣은 다음 약불에서 3~5분간 졸이면 완성!

⇗TIP⇖

▸ 꾸덕꾸덕한 식감을 원하면 약불에서 조금 더 졸여요.
▸ 쌀떡으로 만들면 더 맛있어요.

BelGioioso®
PARMESAN
ALL NATURAL CHEESE
FULL, NUTTY FLAVOR
CUBE FOR A SNACK
Gluten Free   rBST Free*
Crafted in Wisconsin
Award Winning
NET WT. 5 OZ. (142g)
AGED OVER 10 MONTHS

로제떡볶이

🍳 준비

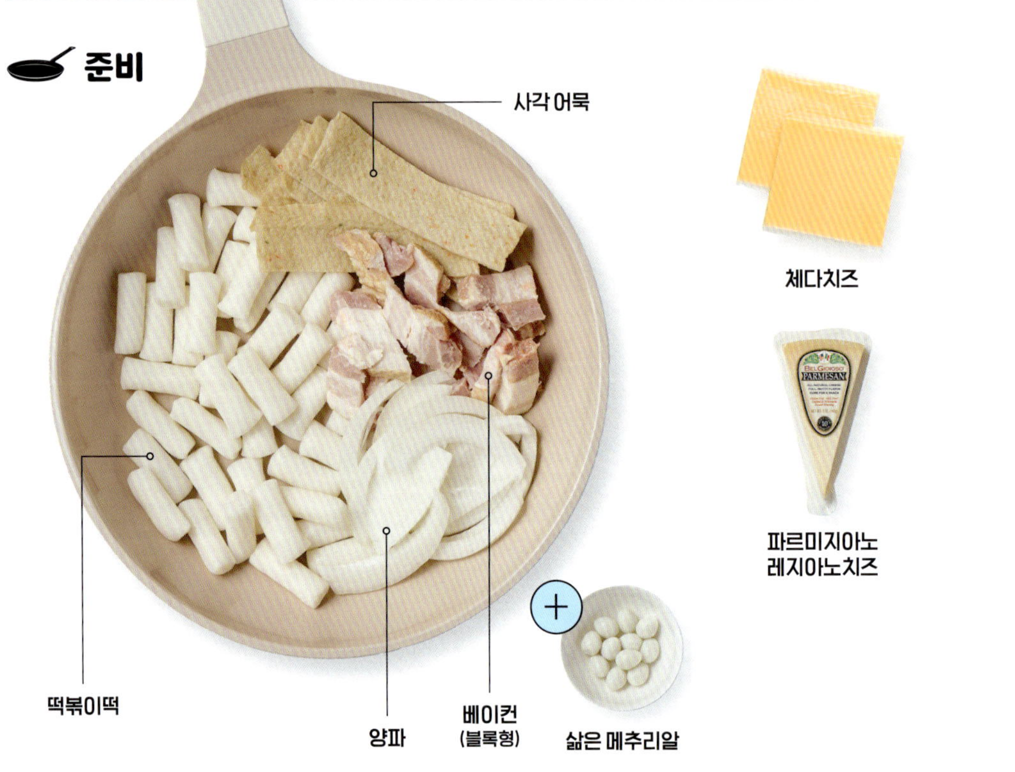

체다치즈

파르미지아노
레지아노치즈

재료

떡볶이떡 300g
베이컨(블록형) 100g
사각 어묵 2장
삶은 메추리알 취향껏
양파 1/2개

부재료
체다치즈나
파르미지아노
레지아노치즈 취향껏

양념

고추장 1.5큰술
케첩 4큰술
버터 1큰술
치킨스톡 1.5큰술
다진 마늘 1큰술
우유 200ml
물 300ml

🍳 만들기

1 재료와 양념을 넣은 다음 중약불에서 7~12분간 잘 저어 가며 끓여요.
2 국물이 졸았을 때쯤 체다치즈나 파르미지아노 레지아노치즈 등을 취향껏 넣고 약불에서 한 번 더 졸이면 완성!

≫TIP≪

▶ 밀떡으로 만들면 맛있어요.
▶ 케첩 대신 토마토소스 사용 가능해요.
▶ 파르미지아노 레지아노치즈는 파르마와 레지오 에밀리아 지역에서 나는 치즈로 흔히 '파마산치즈'라고 해요.

오징어볶음

🍳 준비

청양고추

참기름

재료

오징어 500g
양배추 취향껏
대파 2대
양파 1/2개

부재료

청양고추 3~4개
참기름 취향껏

양념

고춧가루 1.5큰술
고추장 1.5큰술
진간장 1.5큰술
다진 마늘 1.5큰술
맛술 2큰술
설탕 1큰술
물 150ml

✨ 만들기

1 재료와 양념을 넣은 다음 뚜껑을 덮고 한소끔 끓여요.

2 약불에서 중간중간 잘 저어 가며 5~10분간 졸여요.

3 양념이 잘 졸여졌다면 참기름과 청양고추를 넣은 뒤 약불에서 5분 더 볶으면 완성!

≫ TIP ≪

▸ 마지막에 후추를 뿌려도 좋아요.
▸ 간은 간장으로 조절해요.

낙곱새

🍳 준비

청양고추

재료

낙지 200g
새우 200g
대창 200g
대파 2대
양파 1개

부재료
청양고추 2개

양념

고춧가루 2큰술
진간장 2큰술
설탕 2큰술
다진 마늘 2큰술
맛술 2큰술
후추 취향껏
사골육수 300ml

✨🍳 만들기

1 재료와 양념을 모두 넣은 다음 약불에서 잘 저어
  가며 10~15분간 끓여요.
2 국물이 졸여질 때쯤 청양고추 종종 썰어 넣으면
  완성!

▸ 마지막에 후추를 뿌려도 좋아요.
▸ 간은 간장으로 조절해요.
▸ 사골육수 대신 치킨스톡 2큰술로 대체 가능해요.

✱ 더 맛있게 간을 하고 싶다면 다시다 1/2작은술 또는 연두
  1/2~1작은술을 넣어요.

콩나물불고기

🍳 준비

올리브오일

청양고추

재료

콩나물 한두 줌
소고기(불고기용) 500g
대파 1대
양파 1개
당근 1/2개

부재료

올리브오일 1~2큰술
청양고추 2~3개

양념

고추장 2큰술
고춧가루 1.5큰술

다진 마늘 1큰술
진간장 2큰술
맛술 2큰술
매실청 2큰술

🍳 만들기

1 재료와 양념을 잘 섞어요.

2 팬에 올리브오일이나 식용유를 두른 다음 1을 넣고
  중약불에서 잘 저어 가며 10~15분간 볶아요.

3 콩나물에서 수분이 나오고, 고기가 익을 정도로
  잘 볶아질 때쯤 청양고추를 넣고 약불에서 10분간
  졸이면 완성!

▸ 마지막에 후추를 뿌려도 좋아요.
▸ 간은 소금으로 조절해요.

두부 숙주볶음

🍳 준비

재료

두부(부침용) 한 모
대패삼겹살 300g
숙주 한 줌
양파 1/2개
대파 1대
김치 200g
청양고추 4개

부재료
올리브오일 또는
식용유 적당량

양념

고춧가루 1.5큰술
진간장 2큰술
맛술 2큰술
설탕 1큰술

🍳 만들기

1 팬에 올리브오일을 두른 뒤 약불에서 두부를 앞뒤로
   노릇하게 구운 다음 접시에 담아요.
2 두부를 제외한 나머지 재료와 양념을 넣고
   중약불에서 빠르게 볶으면 완성!
3 두부를 담은 접시에 숙주볶음을 담아 함께 먹어요.

TIP
▸ 두부는 키친타월로 물기 제거 후 구워요.
▸ 중간중간 잘 저어 주세요.
▸ 간은 간장으로 조절해요.

Simple
One-Pan Recipes

많은 분이
제 레시피를 보고 요리한 뒤
"맛있게 잘 먹었다"
"가족의 식사를 책임져 주어서 고맙다"
라고 후기를 남겨 주실 때….

그런 말 한마디가
책임감을 가지고 요리하게 만들어요.

요리 콘텐츠를 만드는
가장 큰 이유예요.

Dasol
Coo

3장

반찬 없이도 완벽한 밥과 죽

귀찮은 날에도 밥은 먹어야 하니까!
요린이도 손쉽게 만들 수 있는 볶음밥부터 죽과 덮밥까지!

훈제오리볶음밥

🍳 준비

재료

훈제오리 1팩(200g)
양파 1개
피망 또는 파프리카 1~2개
통마늘 5알(반으로 썰기)

부재료
밥 300g(1~2인분)

양념

스테이크소스 2큰술
굴소스 1.5큰술
두반장 1.5큰술

🍳 만들기

1 팬에 훈제오리를 넣고 노릇하게 구운 다음 채소를 넣은 뒤 숨이 죽을 때까지 잘 섞으며 빠르게 볶아요.

2 밥과 양념을 넣고 한 번 더 볶으면 완성!

▸ 마지막에 참기름을 넣으면 감칠맛이 생겨요.
▸ 취향에 따라 두반장을 한 큰술 넣고 볶아도 좋아요.
▸ 흰쌀밥 대신 현미밥이나 잡곡밥으로 볶으면 다이어트에도 좋아요.

치즈 김치볶음밥

🍳 준비

재료

삼겹살 또는
대패삼겹살 200g
김치 150g
양파 1/2개
대파 1대

부재료

밥 300g(1~2인분)
모차렐라치즈 취향껏

양념

고춧가루 1큰술
간장 2큰술
굴소스 1큰술
맛술 1.5큰술
설탕 1/2큰술
참기름 취향껏

✨🍳 만들기

1 팬에 삼겹살을 넣은 다음 중불에서 노릇하게
 구워요.

2 밥과 김치, 채소, 양념을 넣고 중불에서 빠르게
 볶아요.

3 밥이 잘 볶아지면 약불로 줄이고, 모차렐라치즈를
 뿌린 다음 뚜껑을 덮어요. 치즈가 녹으면 완성!

카레

🍳 준비

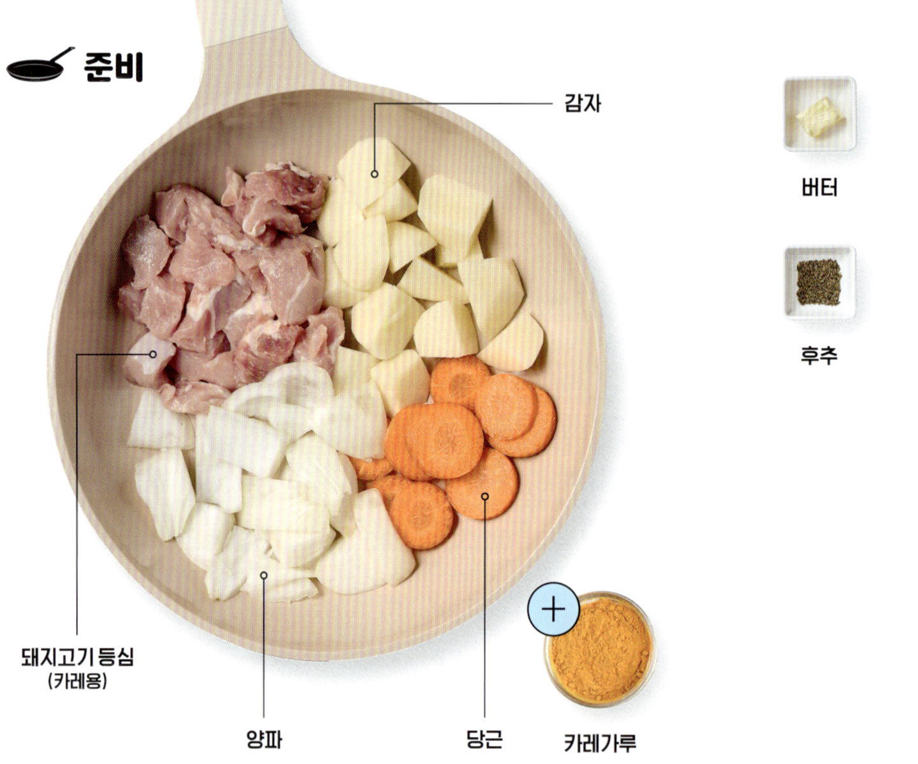

재료

돼지고기 등심(카레용) 200g
감자 3개(깍둑썰기)
양파 1개(깍둑썰기)
당근 1개
카레가루 6큰술(취향껏)
물 700ml

부재료

버터 1큰술
후추 취향껏

🍳 만들기

1 팬에 모든 재료를 넣은 다음 약불에서 잘 저어 가며 끓여요.

2 감자가 익을 때쯤 버터와 후추를 뿌린 뒤 한소끔 끓이면 완성!

▸ 꾸덕꾸덕하고 걸쭉한 식감을 좋아하면 감자전분 1큰술을 추가해요.
▸ 간은 카레가루로 조절해요.

목살필라프

🍳 준비

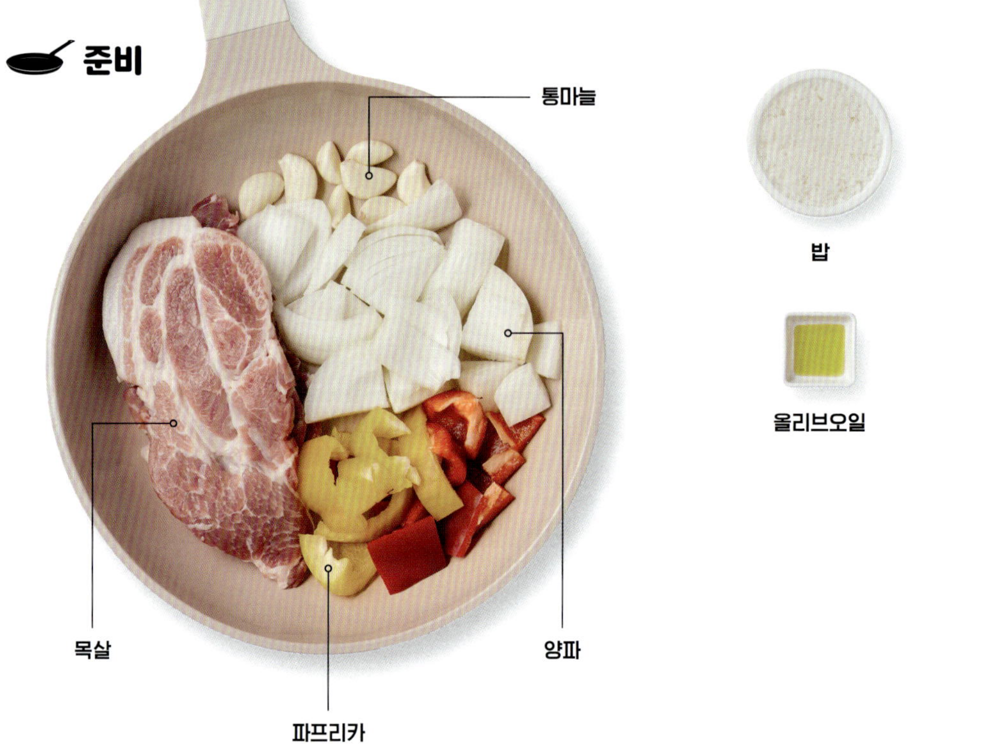

재료

목살 200g
양파 1/2개(깍둑썰기)
파프리카 1개(깍둑썰기)
통마늘 10알(채썰기)

부재료

밥 300g(1~2인분)
올리브오일 또는
식용유 적당량

양념

마요네즈 2큰술
스테이크소스 3큰술
굴소스 2큰술

🍳 만들기

1 팬에 올리브오일을 두른 다음 중불에서 목살을 앞뒤로 노릇하게 익힌 뒤 먹기 좋게 잘라요.
2 채소를 넣은 다음 숨이 죽을 때까지 볶고 밥과 양념을 넣은 다음 잘 섞으면서 볶으면 완성!

TIP

▶ 마지막에 후추를 뿌리고, 달걀프라이를 올리면 더욱 더 맛있어요.

불닭 소시지덮밥

🍳 준비

재료

소시지 10~15개
양파 1/2개(채썰기)

부재료
밥 300g(1~2인분)
모차렐라치즈 취향껏
올리브오일 또는
식용유 적당량

양념

불닭소스 3큰술
케첩 2큰술
물엿 2큰술
다진 마늘 1큰술

✨🍳 만들기

1 팬에 올리브오일을 두르고 소시지와 양파를 넣은 다음 노릇하게 볶아요.

2 양념을 넣고 소시지에 양념이 밸 때까지 볶은 다음 모차렐라치즈를 올리고 뚜껑을 덮어 약불에서 익혀요.

3 양념된 소시지를 밥 위에 올리면 완성!

TIP

▸ 매콤함을 더 원하면 불닭소스를 추가해 주세요.
▸ 파슬리가루를 뿌리면 맛있어 보이고, 요리 완성도를 높일 수 있어요.

하이라이스

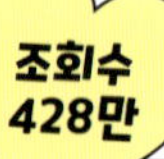 준비

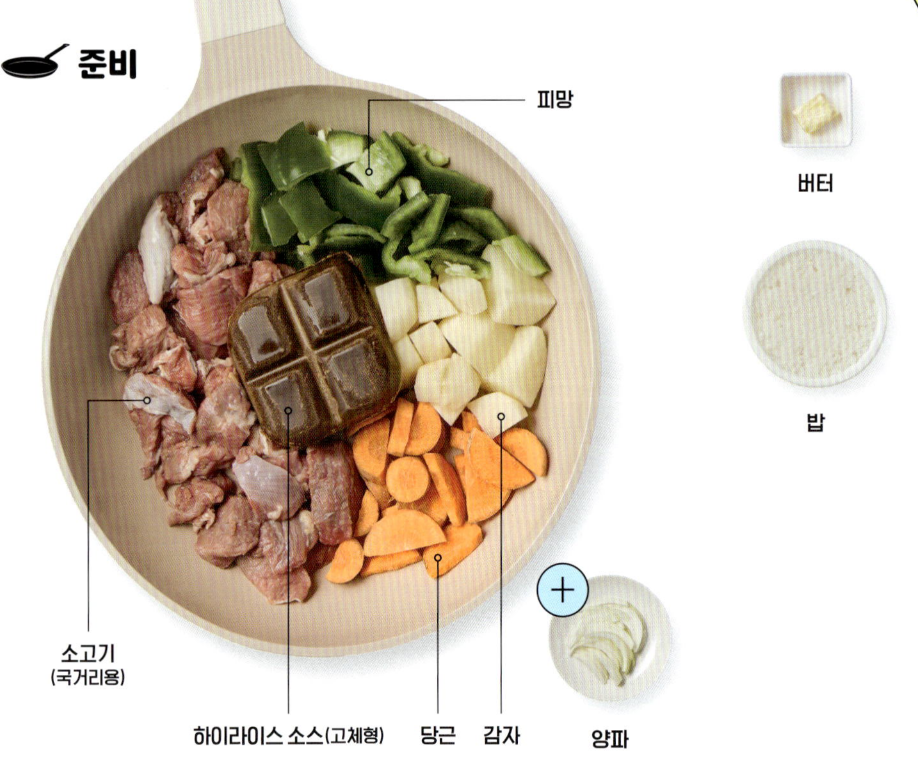

재료

소고기(국거리용) 300g
감자 3개(깍둑썰기)
당근 1/2개
피망 2개(깍둑썰기)
양파 1개

부재료

버터 1조각(10g)
밥 300g(1~2인분)

양념

하이라이스 소스(고체형)
3~4조각
치킨스톡 1.5큰술
감자전분 2큰술
토마토소스 4큰술
(케첩으로 대체 가능)
물 700ml

✨ 만들기

1 팬에 재료와 양념을 넣은 다음 약불에서
  20~30분간 저어 가며 끓여요.
2 국물이 걸쭉해지면 버터를 넣고 한소끔 끓여요.
3 밥 위에 하이라이스를 올리면 완성!

TIP

▸ 마지막에 후추를 뿌려도 좋아요.

불닭 나시고랭

🍳 준비

숙주

올리브오일

재료

새우 6~8마리
양배추 취향껏
다진 마늘 1큰술
밥 300g(1~2인분)

부재료
숙주 한 줌
올리브오일 또는
식용유 적당량

양념

불닭소스 3~4큰술
간장 2큰술
알룰로스 2큰술
굴소스 1큰술
레드페퍼 1큰술

✨🍳 만들기

1 팬에 올리브오일을 두른 다음 새우, 양배추, 다진
마늘을 넣고 볶다가 밥과 양념을 넣고 볶아요.
2 밥에 양념이 잘 밸 때쯤 숙주를 넣고 한 번 더 볶으면
완성!

TIP
▸ 나시고랭을 팬 한쪽으로 모은 다음 식용유를 조금 더 두르고
달걀 스크램블을 하면 더 맛있어요.

대패 숙주덮밥

🍳 준비

재료

대패삼겹살 200g
양파 1/2개
달걀 2개
대파 1대
통마늘 10알 (편썰기)
숙주 한 줌

부재료

밥 300g (1~2인분)

양념

간장 1.5큰술
맛술 2큰술
굴소스 1큰술
참기름 1큰술

✨🍳 만들기

1 대패삼겹살을 노릇하게 구운 다음 팬 한쪽으로 몰아요.

2 빈 곳에 달걀을 넣은 다음 스크램블드에그를 만들 듯이 볶다가 양파, 대파, 통마늘을 넣고 볶아요.

3 숙주를 넣은 뒤 숨이 죽을 때까지 볶아 밥 위에 올리면 완성!

▸ 중간중간 잘 섞어 주세요.

닭죽

🥄 준비

재료

삶은 닭가슴살 300g
대파 2대(다지기)
당근 1/3개(다지기)
양파 1/2개(다지기)
통마늘 취향껏(편썰기)

부재료
밥 400~500g
참기름 취향껏
물 1L

양념

치킨스톡 1.5큰술
굴소스 1.5큰술
물 500ml

🍳 만들기

1 삶은 닭가슴살을 잘게 자른 뒤 팬에 넣은 다음
  채소와 양념을 넣고 약불에서 육수가 우러날 때까지
  충분히 끓여요.

2 밥과 물 1L, 참기름을 넣고 약불에서 천천히 저어
  가며 끓여요. 이때 물은 1/3씩 부어요.

3 걸쭉한 질감이 나올 때까지 끓이면 완성!

≫TIP≪

▸ 간은 소금이나 치킨스톡으로 조절해요.
▸ 후추를 톡톡 뿌리면 더 맛있어져요.
▸ 중간중간 잘 저어 주세요.
▸ 닭가슴살 삶는 게 번거로우면 양념이 없는 시판용
  닭가슴살을 사용하세요.

FILL YOUR HEART
Give Thanks
SO MANY BEAUTIFUL THINGS

참치김치죽

🍳 준비

재료

김치 200g
참치캔 250g
양파 1/2개
대파 1대
밥 300~400g

부재료
물 300ml
참기름 취향껏

양념

치킨스톡 1.5큰술
진간장 1큰술
다진 마늘 1큰술
물 500ml

✨ 만들기

1 팬에 재료와 양념을 넣은 다음 약불에서
  20~30분간 저어 가며 끓여요.

2 밥알이 걸쭉해지면 물 300ml를 추가한 뒤
  약불에서 한소끔 끓여요.

3 밥알이 아주 묽어졌을 때 참기름을 넣고 골고루
  저어 주면 완성!

TIP

▶ 눌어붙지 않게 중간중간 잘 저어요.

스팸주먹밥

🍳 준비

재료

스팸 200g(깍둑썰기)
대파 1대(다지기)
양파 1~2개(다지기)
달걀 2개

부재료
밥 300g(1~2인분)
김가루 취향껏
올리브오일 또는
식용유 1큰술

양념

간장 2큰술
굴소스 1큰술

✨ 만들기

1 팬에 올리브오일을 살짝 두르고 스팸을 노릇하게 구워요.

2 스팸을 팬 한쪽으로 몰아 둔 뒤 달걀을 스크램블 하다가 대파와 양파, 양념, 밥을 넣고 중불에서 빠르게 볶아 스팸과 섞어요.

3 김가루를 뿌린 다음 동그랗게 말아 주면 주먹밥 완성!

TIP

▶ 기름기가 많으면 잘 뭉쳐지지 않으니 올리브오일은 조금만 사용해요.

SPAM

스팸돈부리

🍳 준비

재료

스팸 200g
양파 1/2개
달걀 2개

양념

간장 3큰술
설탕 2큰술
맛술 2큰술
물 20ml

✨🍳 만들기

1 스팸은 길게 0.5cm 두께로 썰고 세로나 가로로 한 번 더 잘라요. 양파는 채 썰어요.
2 팬에 스팸을 노릇하게 구워요.
3 그 위에 양파와 양념을 넣은 다음 달걀물을 붓고 뚜껑을 덮어 약불에서 익혀요.
4 달걀이 촉촉하게 익으면 완성! 밥 위에 올려서 먹어요.

⚡TIP⚡

▸ 마지막에 후리카케를 뿌리면 더 맛있어요.
▸ 매콤한 맛을 좋아하면 청양고추를 다져서 넣어 보세요. 이색적인 맛을 느낄 수 있어요.

베이컨 김치볶음밥

조회수
410만

🍳 준비

재료

김치 150g
베이컨 200g
양파 1/2개 (채썰기)
대파 1대 (통째썰기)
밥 150g

부재료
달걀 1개

양념

고춧가루 1큰술
설탕 1큰술
간장 1.5큰술
참기름 1큰술

🍳 만들기

1 달걀프라이를 만든 다음 잠시 접시에 담아 두세요.

2 베이컨을 약불에서 노릇하게 굽다가 김치, 양파,
대파, 밥, 양념을 넣고 중불에서 볶아요.

3 베이컨 김치볶음밥 위에 달걀프라이를 올리면
완성!

⚡TIP⚡

▸ 더 바삭한 베이컨을 식감을 원하면 올리브오일이나 식용유를
두르고 볶아 주세요.
▸ 중간중간 잘 섞어요.

베이컨 달걀볶음밥

🍳 준비

달걀

올리브오일

재료

베이컨(블록형) 150g
양파 1/2개(다지기)
내파 1내
밥 300g(1~2인분)

부재료
달걀 2개
올리브오일 또는
식용유 약간

양념

굴소스 1큰술
간장 2큰술
잠기름 1큰술

✨🥄 만들기

1 팬에 올리브오일을 살짝 두른 다음 베이컨을
  노릇하게 구워요.

2 양파, 대파, 밥과 양념을 넣고 볶다가 팬 한쪽으로
  몰아요.

3 빈 곳에 올리브오일을 살짝 추가한 뒤 달걀을
  스크램블하다가 다 같이 한 번 더 볶으면 완성!

> ▸ 마지막에 후추를 뿌리면 더 맛있어요.
> ▸ 간은 소금으로 조절해요.
> ▸ 중간중간 잘 섞어요.

스팸짜글이 덮밥

🍳 준비

재료

스팸 300g
김치 300g
감자 4개(작은 것, 깍둑썰기)
양파 1개

부재료
올리브오일 또는
식용유 약간
밥 300g(1~2인분)

양념

고춧가루 1.5큰술
다진 마늘 1큰술
진간장 2큰술
설탕 2큰술
물 400ml

 만들기

1 팬에 올리브오일을 두르고 중불에서 스팸을
   볶아요.

2 김치는 잘게 자르고 감자, 양파, 양념을 넣고
   중약불에서 15~20분간 푹 졸여요. 중간중간 잘
   저어 주면 완성!

3 밥 위에 얹어 먹거나 찌개처럼 먹어도 좋아요.

↗TIP↙

▸ 간은 간장으로 조절해요.
▸ 국물 농도는 약불에서 기호에 맞게 조절해요.
▸ 김가루를 넣어 비벼 먹으면 더 맛있어요.

✳ 더 맛있게 간을 하고 싶다면 다시다 1/2작은술 또는 연두
   1/2~1작은술을 넣어요.

매콤 삼겹계란덮밥

🍳 준비

재료

대패삼겹살 200g
양파 1개(채썰기)

부재료
달걀 2개
버터 1/3큰술
모차렐라치즈 취향껏

양념

고춧가루 1큰술
쯔유 2큰술
설탕 1큰술
맛술 2큰술

✨ 만들기

1 팬에 대패삼겹살을 노릇하게 굽고 양파와 양념을
  넣은 다음 중불에서 한 번 더 볶아요.

2 다른 팬에 버터를 녹인 다음 달걀을 스크램블한
  뒤 모차렐라치즈를 넣고 뚜껑을 덮어 약불에서
  30초~1분 정도 익혀요.

3 밥 위에 달걀, 고기 순으로 올리면 완성!

치킨덮밥

🍳 준비

재료

닭다리살 300g
양파 1개(채썰기)
청양고추 3~4개(어슷썰기)
달걀 2개

부재료

올리브오일 또는
식용유 적당량

양념

진간장 2큰술
맛술 2큰술
설탕 1.5큰술
다진 마늘 1.5큰술
고춧가루 2큰술
참기름 2큰술
물 600ml

✨ 만들기

1 팬에 올리브오일을 두르고 닭 껍질이 바닥을 향하게
둔 채 노릇하게 앞뒤로 굽다가 먹기 좋게 잘라요.

2 양파, 청양고추, 양념을 추가로 넣은 다음 채소의
숨이 죽을 때까지 볶아요.

3 그 위에 달걀물을 붓고 뚜껑을 덮은 다음 익혀서 밥
위에 올리면 완성!

TIP

▸ 간은 간장으로 조절해요.

간단한데 세상 맛있는

우삼겹 고추장비빔밥

 준비

우삼겹   밥   쪽파

재료

우삼겹 300g
밥 300g
쪽파 1~2대(통째씰기)

양념

고추장 1.5큰술
맛술 2큰술
참기름 1큰술

만들기

1 우삼겹을 노릇하게 구워요.
2 밥 위에 익힌 우삼겹, 쪽파, 양념을 넣고 비비면 완성!

> TIP
> ▸ 쪽파는 가위로 작게 종종 자르면 편해요.

치즈밥

🍳 준비

모차렐라치즈

올리브오일

재료

밥 300g
햄 200g (깍둑썰기)
양파 1/2개 (다지기)
스위트콘 취향껏
김치 취향껏

부재료

모차렐라치즈 취향껏
올리브오일 또는
식용유 적당량

양념

고추장 1큰술
케첩 1큰술
설탕 1큰술

🍳 만들기

1 팬 위에 올리브오일을 두른 뒤 재료와 양념을 모두 넣은 다음 중불에서 빠르게 볶아요.

2 모차렐라치즈를 올리고 뚜껑을 덮은 다음 약불에서 치즈가 녹을 때까지 익히면 완성!

≫TIP≪

▸ 밥을 볶을 때 중간중간 잘 섞어요.
▸ 김치는 넣지 않아도 돼요.

4장

면 덕후를 위한
다양한 면 요리

이제 양식, 중식, 일식 면 요리도
라면 끓이듯이 쉽게 만들어요.

크림파스타
p.152

치킨 불닭파스타
p.153

크림파스타

🍳 준비

파르미지아노
레지아노치즈

후추

재료

푸실리 100~150g
베이컨 50~100g
크림치즈 1.5큰술
양송이버섯 2개
양파 1개

부재료
파르미지아노
레지아노치즈 또는
그라나파다노치즈 취향껏
후추 취향껏

소스

치킨스톡 1.5큰술
다진 마늘 1큰술
휘핑크림 200ml
버터 1큰술
물 500ml

✨🍳 만들기

1 채소는 채 썰고, 베이컨은 1cm 너비로 잘라요.

2 팬에 모든 재료와 소스를 넣은 다음 중약불에서 잘
저어 가며 끓여요.

3 치즈를 넣은 다음 팬 바닥이 보일 정도로 졸이고
후추 뿌리면 완성!

TIP

▸ 간을 치킨스톡으로 조절해요.
▸ 면이 덜 익었다면 물을 조금 추가한 뒤 약불에서 조금 더
익혀요.
▸ 마지막에 취향껏 치즈를 추가해도 좋고, 느끼한 게 싫다면
레드페퍼나 후추를 뿌려요.
▸ 파르미지아노 레지아노치즈 대신 파마산치즈가루로 대체
가능해요.

치킨 불닭파스타

🍳 준비

파르미지아노
레지아노치즈

재료

스파게티면 90g
(500원 동전 크기)
닭가슴살 200g
양송이버섯 4개
양파 1/2개
버터 1큰술

부재료
파르미지아노
레지아노치즈 또는
그라나파다노치즈 취향껏

소스

치킨스톡 2큰술
불닭소스 5~6큰술
케첩 3~4큰술
다진 마늘 1큰술
물 400ml
우유 250ml

🍳 만들기

1 끓는 물에 닭가슴살을 삶은 뒤 먹기 좋게 잘라요.

2 팬에 모든 재료와 소스를 넣은 다음 눌어붙지 않게 잘 저어 가며 중약불에서 끓여요.

3 팬 바닥이 보일 때까지 졸인 다음 치즈를 넣고 한 번 더 졸이면 완성!

TIP

▸ 중간중간 잘 저어요.
▸ 간은 토마토소스로 조절해요.
▸ 양념되지 않은 편의점 닭가슴살을 넣으면 편해요.
▸ 면이 덜 익었다면 물을 조금 추가한 뒤 약불에서 조금 더 익혀요.
▸ 파르미지아노 레지아노치즈 대신 파마산치즈가루로 대체 가능해요.

로제파스타

🍳 준비

파마산치즈가루

재료

탈리아텔레(둥지면) 4~5개
베이컨 100g
새우 5 6마리
양송이버섯 2개
양파 1개(채썰기)

부재료
파마산치즈가루
또는 파르미지아노
레지아노치즈,
그라나파다노치즈 등
취향껏

소스

토마토소스 5큰술
치킨스톡 1.5큰술
버터 1큰술
휘핑크림 200ml
물 350ml

🍳 만들기

1 팬에 모든 재료와 소스를 넣은 다음 눌어붙지 않게
  잘 저어 가며 중약불에서 끓여요.

2 팬 바닥이 보일 때까지 졸인 다음 치즈를 뿌려서 한
  번 더 졸이면 완성!

TIP
▸ 중간중간 잘 저어요.
▸ 면이 덜 익었다면 물을 조금 추가한 뒤 약불에서 조금 더
  익혀요.
▸ 간은 토마토소스로 조절해요.
▸ 마지막에 파슬리가루를 뿌리면 더 맛있어 보여요.

바질파스타

🍳 준비

파르미지아노
레지아노치즈

재료

스파게티면 90g
(500원 동전 크기)
새우 취향껏
양파 1개(채썰기)
통마늘 8~10알(다지기)
크림치즈 2큰술
버터 1큰술

부재료
파르미지아노
레지아노치즈 또는
파마산치즈가루 취향껏

소스

바질페스토 3큰술
치킨스톡 1.5큰술
레드페퍼 취향껏
휘핑크림 200ml
물 500ml

✨ 만들기

1 팬에 모든 재료와 소스를 넣은 다음 눌어붙지 않게 잘 저어 가며 중약불에서 끓여요.
2 팬 바닥이 보일 때까지 졸인 다음 치즈를 뿌려서 한 번 더 졸이면 완성!

≫TIP≪

▸ 새우가 오버쿡되는 게 싫다면 3분 정도 익히고 빼두었다가 마지막에 다시 넣고 졸여요.
▸ 중간중간 잘 저어요.
▸ 면이 덜 익었다면 물을 조금 추가한 뒤 약불에서 조금 더 익혀요.
▸ 간은 바질페스토로 조절하거나 소금을 추가해요.

찹스테이크 누들

🍳 준비

재료

소고기 200~300g
양파 1/2개(깍둑썰기)
파프리카 2개(깍둑썰기)

부재료
중화면 230g
버터 1/2큰술
올리브오일 적당량
맛술 2~3큰술

소스

스테이크소스 2큰술
치킨스톡 2큰술
다진 마늘 1큰술
케첩 4큰술
설탕 1/2큰술

 만들기

1 팬에 올리브오일을 두르고 재료와 소스를 넣은 다음 중불에서 볶아요.
2 채소의 숨이 죽으면 중화면, 버터, 맛술을 넣은 다음 소스가 잘 뺄 때까지 볶아요.

⤜TIP⤛

▸ 빠르게 볶으면 고기가 질겨지지 않아요.
▸ 마지막에 후추나 레드페퍼를 뿌리면 느끼함을 잡을 수 있어요.
▸ 중간중간 잘 저어요.

해산물 알리오올리오

🍳 준비

재료

스파게티면 90g
(500원 동전 크기)
새우 취향껏
바지락 취향껏
양파 1/2개 (채썰기)
통마늘 8~10알 (다지기)

부재료

레드페퍼 취향껏
올리브오일 1~2큰술
후추 취향껏

소스

올리브오일 넉넉하게
치킨스톡 1.5큰술
버터 1/2큰술
물 600ml

✨🍳 만들기

1 팬에 올리브오일을 넉넉히 두르고 모든 재료와
  소스를 넣은 다음 눌어붙지 않게 잘 저어 가며
  중약불에서 끓여요.

2 어느 정도 졸여져서 팬 바닥이 보일 때쯤
  레드페퍼와 올리브오일을 1~2큰술 더 넣고 한 번
  더 졸인 뒤 후추를 뿌리면 완성!

▸ 간은 소금이나 치킨스톡으로 조절해요.
▸ 면이 덜 익었다면 물을 조금 추가한 뒤 약불에서 조금 더
  익혀요.

토마토파스타

🍳 준비

파마산치즈가루

재료

탈리아텔레(둥지면) 4~5개
방울토마토 10개
다짐육 200g
양파 1개(채썰기)
양송이버섯 2개(채썰기)

부재료

파마산치즈가루
또는 파르미지아노
레지아노치즈,
그라나파다노치즈
등 취향껏

소스

토마토소스 5큰술
치킨스톡 1큰술
두반장 1큰술
다진 마늘 1큰술
버터 1/2큰술
휘핑크림 200ml
물 400ml

✨ 만들기

1 팬에 모든 재료를 넣은 다음 눌어붙지 않게 잘 저어
가며 중약불에서 끓여요.
2 팬 바닥이 보일 때까지 잘 저으며 졸인 다음 치즈를
뿌려서 한 번 더 끓이면 완성!

▸ 면이 덜 익었다면 물을 추가한 뒤 약불에서 조금 더 익혀요.
▸ 간은 토마토소스로 조절해요.
▸ 마지막에 파슬리가루를 뿌리면 더 맛있어 보여요.

짬뽕

🍳 준비

재료

해산물믹스 120~150g
새우 취향껏
양파 1개 (깍둑썰기)
대파 1대 (어슷썰기)
알배추 잎 2장

부재료

중화면 230g
숙주 한 줌
올리브오일 또는
식용유 적당량

양념

고춧가루 2.5큰술
간장 2큰술
굴소스 1.5큰술
치킨스톡 1.5큰술
다진 마늘 2큰술
소금, 후추 취향껏
물 600ml

✨ 만들기

1 팬에 올리브오일을 두르고 재료를 넣은 다음 고춧가루를 넣고 채소 숨이 죽을 때까지 볶아요.

2 간장, 굴소스, 치킨스톡, 다진 마늘, 물을 넣고 중불에서 한소끔 끓여요.

3 소금과 후추로 간을 한 뒤 중화면과 숙주를 넣고 한 번 더 끓이면 완성!

☞TIP☜

▸ 간은 소금으로 조절해요.
▸ 중간중간 잘 저어요.
▸ 양배추의 아삭한 식감을 원하면 처음부터 같이 볶지 말고 면 넣을 때 넣어 주세요.

짜장면

 준비

재료

목살 200g
당근 1/2개(깍둑썰기)
양파 1개(깍둑썰기)

부재료
중화면 230g
물 100~150ml
올리브오일 또는
식용유 약간

양념

춘장 1~1.5큰술
간장 1큰술
굴소스 1큰술
맛술 2큰술

만들기

1 팬에 올리브오일을 약간 두른 다음 목살과 채소,
  양념을 넣고 중약불에서 잘 볶아요.
2 물과 중화면을 넣고 볶다가 뚜껑을 덮고 30초~1분
  정도 익혀요.
3 뚜껑을 열고 한 번 더 볶으면 완성!

TIP

▸ 간이 약한 걸 원하면 춘장은 1큰술만 넣어요.
▸ 면이 다 익었을 때쯤 고춧가루 1큰술을 넣고 볶으면 더
  맛있어요.
▸ 매콤한 맛을 좋아하면 청양고추 1~2개를 종종 썰어 넣어요.

삼겹살 도삭면

🍳 준비

재료

도삭면 2개 (약 115g)
삼겹살 200g
양파 1개 (채썰기)
대파 180g (통째썰기)
김치 취향껏

양념

간장 2큰술
맛술 1.5큰술
참기름 취향껏

✨ 만들기

1 끓는 물에 도삭면을 넣고 2~3분간 삶아요.

2 팬에 삼겹살을 넣고 중약불에서 구운 다음 먹기 좋게 잘라요.

3 그 위에 양파, 대파, 김치, 양념, 삶은 도삭면을 넣고 한 번 더 볶으면 완성!

≫ TIP ≪

▸ 간은 간장으로 조절해요.
▸ 중간중간 잘 섞어요.

해장파스타

🍳 준비

재료

스파게티면 90g
(500원 동전 크기)
해산물믹스 취향껏
새우 취향껏
양파 1/2개(채썰기)
다진 마늘 1큰술

소스

토마토소스 4~6큰술
고추장 1큰술
치킨스톡 1.5큰술
물 600ml

✨🍳 만들기

1 팬에 모든 재료를 넣은 다음 눌어붙지 않게 잘 저어
   가며 중약불에서 끓이면 완성!

» TIP «

‣ 간은 소금이나 토마토소스로 조절해요.
‣ 면이 덜 익었다면 물을 조금 추가한 뒤 약불에서 조금 더
   익혀요.
‣ 마지막에 후추를 뿌리면 더 맛있어요.

쌀국수

🍳 준비

쌀국수면

재료

우삼겹 200g
쌀국수면 100~120g
양파 1/2개
대파 2대
청양고추 4개
표고버섯 2개
고수 취향껏

양념

간장 2큰술
멸치장국 2큰술
맛술 2큰술
다진 마늘 1큰술
물 800ml

✨🍳 만들기

1 우삼겹, 양파, 대파, 청양고추, 양념을 넣은 다음 중약불에서 한소끔 끓여요.
2 불순물을 제거한 뒤 양파는 빼요.
3 쌀국수면과 표고버섯, 고수를 넣고 한 번 더 끓이면 완성!

‣ 간은 소금과 후추로 조절해요.
‣ 중간중간 잘 저어요.

볶음우동

🍳 준비

재료

우동면 1인분
베이컨 4줄
새우 취향껏
양파 1개(채썰기)
양배추 취향껏(채썰기)

부재료
숙주 한 줌
올리브오일 또는
식용유 적당량

양념

돈가스소스 1.5큰술
고춧가루 1.5큰술
간장 2큰술
설탕 1큰술
맛술 2큰술

 만들기

1 끓는 물에 우동면을 30초간 삶아요.
2 팬에 올리브오일을 두르고 중약불에서 먹기 좋게 썬 베이컨과 새우, 양파, 양배추를 넣고 볶아요.
3 채소 숨이 죽을 때쯤 양념을 넣고 볶은 뒤 우동면과 숙주를 넣고 골고루 볶으면 완성!

Thank you

《초간단 원팬 레시피》가 나오기까지 팔로워, 구독자 분들

모두에게 진심으로 감사드립니다.

여러분의 응원과 사랑이 이 책을 완성할 수 있는 가장 큰 힘이었습니다.

앞으로도 변함없이 맛있고 따뜻한 이야기로 찾아뵙겠습니다.

감사합니다.

쿠킹 스튜디오 스토리앤미디어
사진 일오스튜디오

다솔쿠의
프라이팬 하나로 완성하는 집밥

초간단
원팬
레시피

초판 1쇄 발행 2026년 3월 3일

지은이 다솔쿠
펴낸이 김영조
편집 김윤하, 최희윤 | **디자인** 오주희 | **마케팅** 김민수, 강지현 | **제작** 김경묵 | **경영지원** 정은진
펴낸곳 싸이프레스 | **주소** 서울시 마포구 양화로7길 44, 3층
전화 02)335-0385 | **팩스** (02)335-0397
이메일 cypress@cypressbook.co.kr
홈페이지 www.cypressbook.co.kr | **블로그** blog.naver.com/cypressbook1
인스타그램 싸이프레스 @cypress_book | 싸이클 @cycle_book
출판등록 2009년 11월 3일 제2010-000105호

ISBN 979-11-6032-267-5 13590

＊이 책의 초판 1쇄 인세는 전액 기부됩니다.